サイパー思考力算数練習帳シリーズ
シリーズ５５

等しく分ける -線分図と数直線-

数の大小関係、倍の関係、均等に分ける

整数範囲：数の大小関係の理解ができていること
たし算・ひき算で解けるが、かけ算・
わり算までできると、なお良い

◆　**本書の特長**

1、算数・数学の考え方の重要な基礎であり、中学受験のする上での重要な要素である、数の大小関係、倍の関係、均等に分けることについて、線分図・数直線を用いて詳しく説明しています。

2、自分ひとりで考えて解けるように工夫して作成されています。他のサイパー思考力算数練習帳と同様に、**教え込まなくても学習できる**ように構成されています。

◆　**サイパー思考力算数練習帳シリーズについて**

JN123073

　　ある問題について同じ種類・同じレベルの問題を　　　　　　　　　　　　確かな定着が得られます。

　　そこで、中学入試につながる文章題について、同種類・同レベルの問題をくりかえし練習することができる教材を作成しました。

◆　**指導上の注意**

①　解けない問題、本人が悩んでいる問題については、お母さん（お父さん）が説明してあげて下さい。その時に、できるだけ具体的なものにたとえて説明してあげると良くわかります。

②　お母さん（お父さん）はあくまでも補助で、問題を解くのはお子さん本人です。お子さんの達成感を満たすためには、「解き方」から「答」までの全てを教えてしまわないで下さい。教える場合はヒントを与える程度にしておき、本人が自力で答を出すのを待ってあげて下さい。

③　お子さんのやる気が低くなってきていると感じたら、無理にさせないで下さい。お子さんが興味を示す別の問題をさせるのも良いでしょう。

④　丸付けは、その場でしてあげて下さい。フィードバック（自分のやった行為が正しいかどうか評価を受けること）は早ければ早いほど、本人の学習意欲と定着につながります。

もくじ

長さを等しく分ける

れいだい１、下の線分を、同じ長さになるように、２つに分けましょう。（「線分」とは、長さのきまった直線のことです）

_____

同じ長さに２つに分けるには、ちょうど真ん中で分けるとうまくいきますね。ちょうど真ん中だとおもうところに、しるしをつけてみましょう。

_____

このへんでしょうか？いや、左によっていますね。しるしを右によせてみましょう。

_____

どうでしょうか？まだ、少し左によっていますね。もう少し、しるしを右によせてみましょう。

_____

どうですか？いや、こんどは少し右によってしまいましたね。では、少しだけ、しるしを左にもどしてみましょう。

真ん中です！

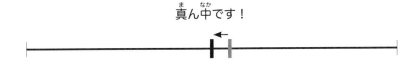

これでどうでしょうか？うまくいったようですね。

この時、しるしの左がわと右がわの長さが等しく（同じに）なっています。

長さを等しく分ける

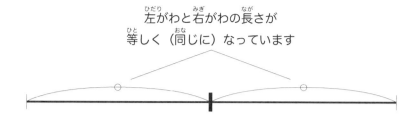

左がわと右がわの長さが
等しく（同じに）なっています

　このように、同じ長さに２つに分けることを「**二等分する**」と言います。これで、線分を二等分することができました。

　線分の左右の長さが等しく（同じに）なるようにするには、じょうぎではかる方法もありますが、ここはじょうぎを使わずに、自分の目で見て（目分量で）２つに分けるようにしましょう。

保護者の方へ

　うまく目分量で、左右均等に分られるようにご指導下さい。個人によって感覚には偏りがあるので、指や不要な紙切れなどを使って、ほぼ同じ長さになっているかどうか確認して頂くのも良いでしょう。本書を上下逆さまにして、違った角度から見てみるというのも良い方法です。

　定規を使って確認して頂いても良いのですが、その場合「全体が 10cm だから、半分の５cm ずつに分けよう」という方法ではなく、「左右の長さが同じ目盛りのところにある」などのように、『量』で比べることをご指導ください。

◆　　　　◆　　　　◆　　　　◆　　　　◆

もんだい１、下の線分を、等しい長さになるように、しるしをつけて、２つに分けましょう。「  **」などのしるしをつけたばあいは、そのままけさずにのこしておきましょう。**

保護者の方へ

　以下「もんだい」「テスト」について、原則として解答はつけてありません（一部、解答例がございます）。保護者の方の判断で丸つけをしてください。できるだけ×はつけないように、うまくヒントや工夫を教えて頂くようにお願いします。

長さを等しく分ける

①、 ─────────────────────────────

②、 ──────────────────────────────────

③、 ────────────────────

④、 ─────────────────────────────────────

⑤、 ──────────────

◆　　　◆　　　◆　　　◆　　　◆

れいだい２、下の線分を、等しい長さになるように、３つに分けましょう。

　等しい（同じ）長さに３つに分けることを「三等分する」といいます。うまくできるかな？

　これでどうでしょうか？

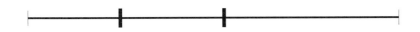

　ちょっと長いぶぶんと短いぶぶんがありますね。

長さを等しく分ける

では、これでどうでしょうか。

うまくいったようですね。きれいに分けられました。

分けた３つのぶぶんの長さが
等しく（同じに）なっています

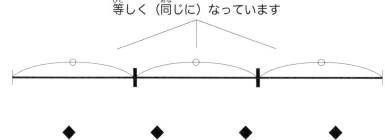

◆　　◆　　◆　　◆　　◆

もんだい２、下の線分に、しるしをつけて、三等分しましょう。

①、

②、

③、

④、

⑤、

◆　　◆　　◆　　◆　　◆

長さを等しく分ける

れいだい３、下の線分に、しるしをつけて、四等分しましょう。

「四等分」とは等しい長さに４つに分けることです。

　分ける数が多くなると、なかなかむずかしいですね。さいしょに分けたものが、あとになるとだんだんずれてきたりします。

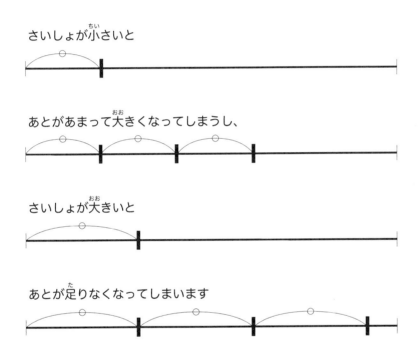

さいしょが小さいと

あとがあまって大きくなってしまうし、

さいしょが大きいと

あとが足りなくなってしまいます

　こういう場合、うまく分けるコツがあります。
四等分する場合、まず二等分してみましょう。

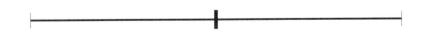

　全体を四等分するには、この二等分した１つをさらに二等分すると、うまくいきます。

長<ruby>な<rt>が</rt></ruby>さを<ruby>等<rt>ひと</rt></ruby>しく<ruby>分<rt>わ</rt></ruby>ける

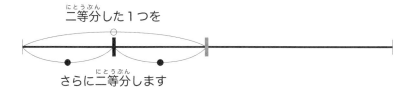

二等分した１つを

さらに二等分します

すると、きれいに４つに<ruby>分<rt>わ</rt></ruby>けることができます。

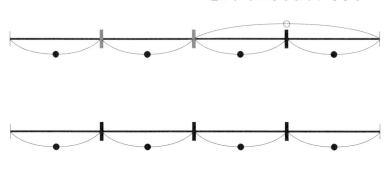

<ruby>右<rt>みぎ</rt></ruby>がわもおなじようにします

<ruby>四等分<rt>よんとうぶん</rt></ruby>するときは、さきに<ruby>二等分<rt>にとうぶん</rt></ruby>してみよう

もんだい３、<ruby>下<rt>した</rt></ruby>の<ruby>線分<rt>せんぶん</rt></ruby>に、しるしをつけて、<ruby>四等分<rt>よんとうぶん</rt></ruby>しましょう。

①、├─────────────────────────────┤

②、├──────────────────────────────────┤

③、├─────────────────┤

④、├──┤

長さを等しく分ける

⑤、

れいだい４、下の線分に、しるしをつけて、六等分しましょう。
「六等分」とは等しい長さに６つに分けることです。

これも、**れいだい３**と同じように、うまくくふうをしてみましょう。

とき方①、まず二等分してみましょう。

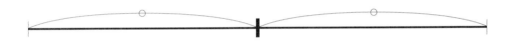

つぎに、二等分した１つを三等分しましょう。

右がわもおなじようにします

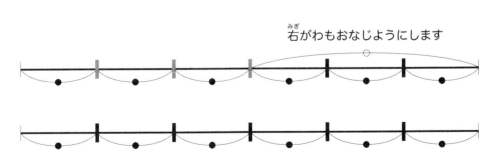

きれいに六等分できましたか。

長さを等しく分ける

とき方②、まず三等分してみましょう。

　　　つぎに、三等分した１つを二等分しましょう。

　　　つづいて、三等分したのこりの２つを、それぞれ二等分しましょう。

　　　うまくできましたね。

　　◆　　　◆　　　◆　　　◆　　　◆

もんだい４、下の線分に、しるしをつけて、六等分しましょう。

①、

②、

③、

④、

長さを等しく分ける

⑤、 _____

◆　　　◆　　　◆　　　◆　　　◆

れいだい５、下の線分に、しるしをつけて、五等分しましょう。
　　　「五等分」とは等しい長さに５つに分けることです。

_____

　これは、自分でくふうして、うまく等しい長さ５つに分けるようにしましょう。書いてみて、じょうずに分けられていないと思ったら、なんどでも書き直して、できるだけうまく５つに分けられるように、がんばりましょう。

　（三等分、五等分、七等分などは、分けるのがむずかしいと思います。）

五等分のもはんかいとう

七等分のれい

九等分のれい　（九等分は全体を三等分してから、その１つをさらに三等分すると、うまくいきます）

まず、全体を三等分して

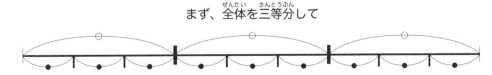

そして、その１つをさらに三等分します

長さを等しく分ける

もんだい５、下の線分に、しるしをつけて、五等分しましょう。

①、├─────────────────────────────────┤

②、├──────────────────────────┤

③、├────────────────────────────────────┤

もんだい６、下の線分に、しるしをつけて、七等分しましょう。

①、├─────────────────────────────────┤

②、├──────────────────────────┤

③、├────────────────────────────────────┤

もんだい７、下の線分に、しるしをつけて、九等分しましょう。

①、├─────────────────────────────────┤

②、├──┤

③、├────────────────────────────────────┤

テスト1

テスト1、それぞれしじにしたがって、線分を等しい長さに
分けましょう。

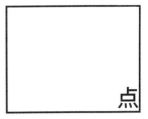

① 、二等分しましょう。

———————————————————————

② 、三等分しましょう。

———————————————————————

③ 、四等分しましょう。

———————————————————————

④ 、六等分しましょう。

———————————————————————

⑤ 、二等分しましょう。

————————————————

テスト1

⑥、三等分しましょう。

⎜————————————————————⎜

⑦、九等分しましょう。

⎜————————————————————————⎜

⑧、八等分しましょう。

⎜————————————————————————⎜

⑨、五等分しましょう。

⎜————————————————————————⎜

⑩、七等分しましょう。

⎜————————————————————————⎜

保護者の方へ

　目分量で等分しますので、およそ合っていれば○、あるいは△にしてあげてください。

「◠◡◠」など工夫がみられる場合も、加点の対象としてください。

線分図

れいだい6、下の線分アの長さの2倍の線分を、イの部分に書きましょう。

※点線 ┠┄┄┄┄┄┄┄ の部分をうまく利用して、じょうぎをつかわないで書きましょう。

「アの2倍の長さ」ということは、「アの長さ2つ分」ということです。アの長さを ⌢ とすると、イの長さは ⌢ が2つ分ということになります。

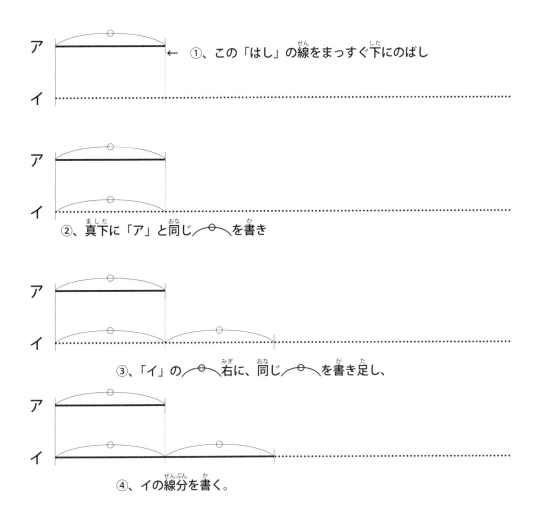

① この「はし」の線をまっすぐ下にのばし

② 真下に「ア」と同じ ⌢ を書き

③ 「イ」の ⌢ 右に、同じ ⌢ を書き足し、

④ イの線分を書く。

線分図

れいだい７、下の線分アの長さの３倍の線分を、イの部分に書きましょう。

　やり方は、れいだい６と同じです。「アの３倍の長さ」ということは、「アの長さ３つ分」ということ。アの長さを⌢とすると、イの長さは⌢が３つ分になります。

れいだい７のかいとう

　うまくできましたか。

◆　　　◆　　　◆　　　◆　　　◆

もんだい８、下の線分アの長さの２倍の線分を、イの部分に書きましょう。

①、

②、

線分図

もんだい９、下の線分アの長さの３倍の線分を、イの部分に書きましょう。

①、

ア ├──────────────┤

イ ┆┄┄┄┄┄┄┄┄┄┄┄┄┄┄┄┄┄┄┄┄┄┄┄┄┄┄┄┄┄┄┄

②、

ア ├────────┤

イ ┆┄┄┄┄┄┄┄┄┄┄┄┄┄┄┄┄┄┄┄┄┄┄┄┄┄┄┄┄┄┄┄

もんだい１０、下の線分アの長さの４倍の線分を、イの部分に書きましょう。

①、

ア ├─────┤

イ ┆┄┄┄┄┄┄┄┄┄┄┄┄┄┄┄┄┄┄┄┄┄┄┄┄┄┄┄┄┄┄┄

②、

ア ├────────────┤

イ ┆┄┄┄┄┄┄┄┄┄┄┄┄┄┄┄┄┄┄┄┄┄┄┄┄┄┄┄┄┄┄┄

もんだい１１、下の線分アの長さの５倍の線分を、イの部分に書きましょう。

①、

ア ├───────┤

イ ┆┄┄┄┄┄┄┄┄┄┄┄┄┄┄┄┄┄┄┄┄┄┄┄┄┄┄┄┄┄┄┄

②、

ア ├─────────┤

イ ┆┄┄┄┄┄┄┄┄┄┄┄┄┄┄┄┄┄┄┄┄┄┄┄┄┄┄┄┄┄┄┄

線分図

れいだい８、下の線分アの長さを二等分し、その一つ分の３倍の長さの線分を、イの部分に書きましょう。

少しもんだいのぶんしょうがむずかしくなっています。正しくよめましたか。

これはまちがいです。

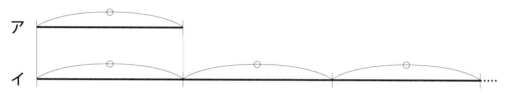

まず「下の線分アの長さを二等分し」に注目しましょう。

前にやりましたね。アの線分だけを見て、それを二等分しましょう。

こうなりますね。

そして「その一つ分の３倍の長さの線分を、イの部分に書きましょう」とあることから、この ⌒ の３倍がイになります。ですから

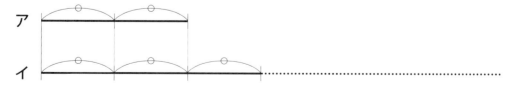

これが正しい答です。

線分図

れいだい9、下の線分アの長さを三等分し、その一つ分の2倍の長さの線分を、イの部分に書きましょう。

れいだい8と同じく、一つずつ見ていきましょう。

まず「下の線分アの長さを三等分し」に注目すると、

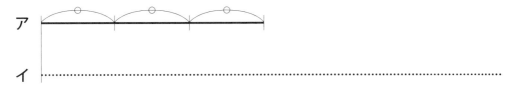

となります。さらに「その一つ分の2倍の長さの線分を、イの部分に書きましょう」とありますから、

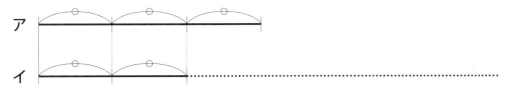

が正解となります。

正しく書けましたね。

保護者の方へ

「アの二等分」「その一つ分を三倍」のように「何の何」「それをどうする」という、設問の要素一つ一つを正しく読み取れるかが、ここのポイントとなります。これは非常に高度な「読解力」でもあります。わからない場合は、設問の文章に下線を引くなど、ヒントを与えてください。

◆　　　◆　　　◆　　　◆　　　◆

線分図

もんだい１２、それぞれ指示にしたがって、線分を書きましょう。点線┤⋯⋯⋯⋯⋯
の部分をうまく利用して、じょうぎをつかわないで書きましょう。

①、下の線分アの長さを二等分し、その一つ分の３倍の長さの線分を、イの部分
に書きましょう。

②、下の線分アの長さを三等分し、その一つ分の２倍の長さの線分を、イの部分
に書きましょう。

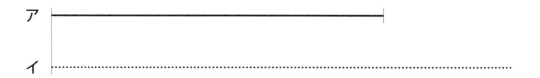

③、下の線分アの長さを二等分し、その一つ分の４倍の長さの線分を、イの部分
に書きましょう。

④、下の線分アの長さを三等分し、その一つ分の３倍の長さの線分を、イの部分
に書きましょう。

線分図

⑤、下の線分アの長さを四等分し、その一つ分の３倍の長さの線分を、イの部分に書きましょう。

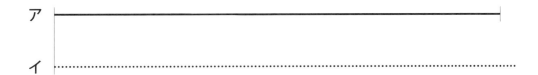

⑥、下の線分アの長さを四等分し、その一つ分の５倍の長さの線分を、イの部分に書きましょう。

⑦、下の線分アの長さを五等分し、その一つ分の２倍の長さの線分を、イの部分に書きましょう。

⑧、下の線分アの長さを六等分し、その一つ分の５倍の長さの線分を、イの部分に書きましょう。

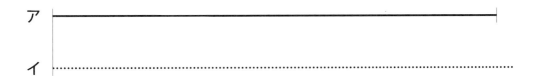

テスト2

テスト２、それぞれ指示にしたがって、線分を書きましょう。
点線 ┊・・・・・・・・・・・ の部分をうまく利用して、じょうぎをつかわないで書きましょう。

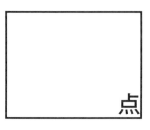

点

①、下の線分アの長さの２倍の線分を、イの部分に書きましょう。(8)

②、下の線分アの長さの３倍の線分を、イの部分に書きましょう。(8)

③、下の線分アの長さの４倍の線分を、イの部分に書きましょう。(8)

④、下の線分アの長さの５倍の線分を、イの部分に書きましょう。(8)

⑤、下の線分アの長さを二等分し、その一つ分の３倍の長さの線分を、イの部分に書きましょう。(8)

テスト2

⑥、下の線分アの長さを三等分し、その一つ分の2倍の長さの線分を、イの部分に書きましょう。(8)

⑦、下の線分アの長さを二等分し、その一つ分の4倍の長さの線分を、イの部分に書きましょう。(8)

⑧、下の線分アの長さを三等分し、その一つ分の4倍の長さの線分を、イの部分に書きましょう。(8)

⑨、下の線分アの長さを四等分し、その一つ分の3倍の長さの線分を、イの部分に書きましょう。(9)

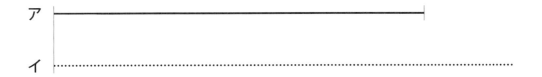

テスト2

⑩、下の線分アの長さを四等分し、その一つ分の５倍の長さの線分を、イの部分
に書きましょう。(9)

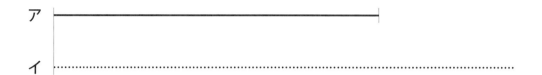

⑪、下の線分アの長さを五等分し、その一つ分の２倍の長さの線分を、イの部分
に書きましょう。(9)

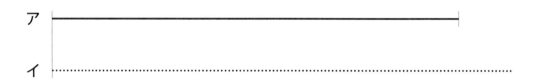

⑫、下の線分アの長さを六等分し、その一つ分の５倍の長さの線分を、イの部分
に書きましょう。(9)

数直線 1

下の図のように、線分に数字が書かれたものを「数直線」といいます。

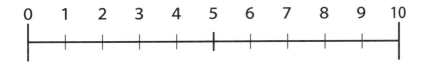

数直線の目もりは、目もりの数と数の差（ちがい）が等しければ、長さも等しく書きます。

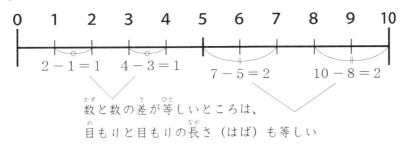

数と数の差が等しいところは、
目もりと目もりの長さ（はば）も等しい

【 数直線は、左が小さく、右に行くほど大きな数になります 】

◆　　◆　　◆　　◆　　◆

れいだい１０、下の数直線の目もりすべてに、あてはまる数を書きましょう。

①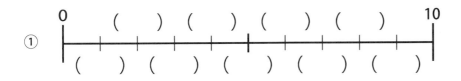

②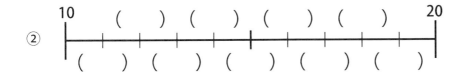

れいだい１０のかいとう
① 上の数直線とまったく同じです。

数直線１

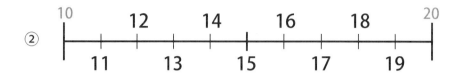

れいだい１１、 下の数直線の目もりすべてに、あてはまる数を書きましょう。

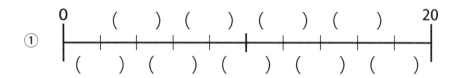

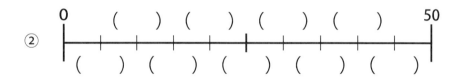

れいだい１１のかいとう

保護者の方へ

　　１目もりがどれだけを表しているかについて、解説では「割り算」を用いていますが、実際には、まずは割り算を用いずに考えてみましょう。ここは計算の学習ではなく「量」のとらえかたの学習ですので、例えば「１目もりが［２］なら…『２、４、６、８…２０』だから、足りないね」という具合に、試行錯誤で正答を求めていただく方が、本質的には理解の進む方法です。数直線の意味が十分理解できている場合は、計算で解いていただいても良いでしょう。

①、この数直線は、左はしが「０」で、右はしが「20」です。「20」を目もりで１０こに分けてありますから、

数直線1
<ruby>数直線<rt>すうちょくせん</rt></ruby>

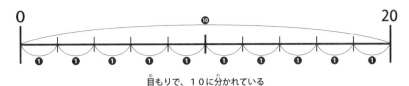

<ruby>目<rt>め</rt></ruby>もりで、１０に<ruby>分<rt>わ</rt></ruby>かれている

２０－０＝２０ …０から２０までのはば

❶＝２０÷❿＝２ …１<ruby>目<rt>め</rt></ruby>もりの<ruby>数<rt>かず</rt></ruby>

これで、１<ruby>目<rt>め</rt></ruby>もりで２ずつふえることがわかります。

こたえ

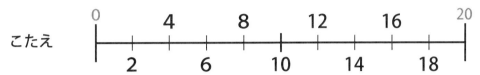

②、この<ruby>数直線<rt>すうちょくせん</rt></ruby>は、<ruby>左<rt>ひだり</rt></ruby>はしが「０」で<ruby>右<rt>みぎ</rt></ruby>はしが「５０」です。「５０」を<ruby>目<rt>め</rt></ruby>もりで１０こに<ruby>分<rt>わ</rt></ruby>けてありますから、

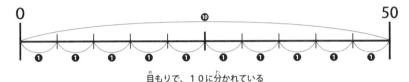

<ruby>目<rt>め</rt></ruby>もりで、１０に<ruby>分<rt>わ</rt></ruby>かれている

５０－０＝５０ …０から５０までのはば

❶＝５０÷❿＝５ …１<ruby>目<rt>め</rt></ruby>もりの<ruby>数<rt>かず</rt></ruby>

これで１<ruby>目<rt>め</rt></ruby>もりで５ずつふえることがわかります。

こたえ

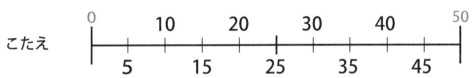

れいだい１２、<ruby>下<rt>した</rt></ruby>の<ruby>数直線<rt>すうちょくせん</rt></ruby>の<ruby>目<rt>め</rt></ruby>もりすべてに、あてはまる<ruby>数<rt>かず</rt></ruby>を<ruby>書<rt>か</rt></ruby>きましょう。

①

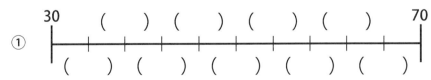

②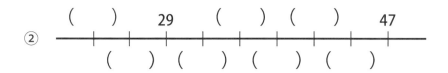

③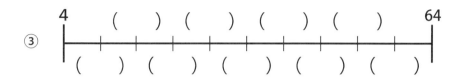

④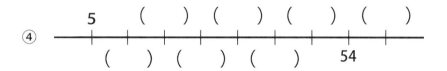

れいだい１２のかいとう

①、この数直線は、左はしが「30」で右はしが「70」で、目もりは「❿」あります。

　　　７０－３０＝４０　…３０から７０までのはば

　　　４０÷❿＝４　…１目もりの数

１目もりが「４」なので、「30」から「４」ずつ足していけばよい。

こたえ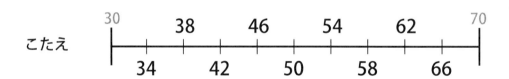

②、この数直線の目もりに書かれてある数字は、「29」と「47」で、その間に目もりは「❻」あります。

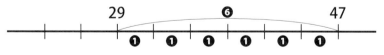

　　　４７－２９＝１８　…２９から４７までのはば

　　　❶＝１８÷❻＝３　…１目もりの数

「２９」から右に「３」ずつ足し、左には「３」ずつ引けば、正しい目もりの数になります。

こたえ

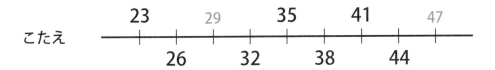

③、この<ruby>数直線<rt>すうちょくせん</rt></ruby>は、<ruby>左<rt>ひだり</rt></ruby>はしが「４」で<ruby>右<rt>みぎ</rt></ruby>はしが「６４」で、<ruby>目<rt>め</rt></ruby>もりは「❿」あります。

　　６４－４＝６０　…４から６４までのはば

　　❶＝６０÷❿＝６　…１<ruby>目<rt>め</rt></ruby>もりの<ruby>数<rt>かず</rt></ruby>

１<ruby>目<rt>め</rt></ruby>もりが「６」なので、「４」から「６」ずつ<ruby>足<rt>た</rt></ruby>していけばよい。

こたえ

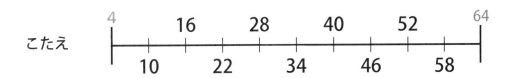

④、　この<ruby>数直線<rt>すうちょくせん</rt></ruby>の<ruby>目<rt>め</rt></ruby>もりに<ruby>書<rt>か</rt></ruby>かれてある<ruby>数字<rt>すうじ</rt></ruby>は、「５」と「５４」で、その<ruby>間<rt>あいだ</rt></ruby>に<ruby>目<rt>め</rt></ruby>もりは「❼」あります。

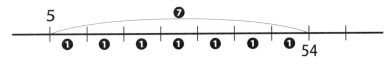

　　５４－５＝４９　…５から５４までのはば

　　❶＝４９÷❼＝７　…１<ruby>目<rt>め</rt></ruby>もりの<ruby>数<rt>かず</rt></ruby>

「５」から<ruby>右<rt>みぎ</rt></ruby>に「７」ずつ<ruby>足<rt>た</rt></ruby>すと、<ruby>正<rt>ただ</rt></ruby>しい<ruby>目<rt>め</rt></ruby>もりの<ruby>数<rt>かず</rt></ruby>になります。

こたえ

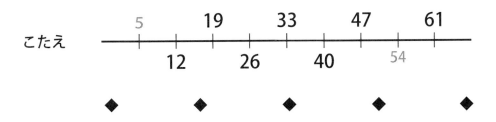

◆　　　◆　　　◆　　　◆　　　◆

もんだい１３、下の数直線の目もりすべてに、あてはまる数を書きましょう。

① 0 ( ) ( ) ( ) ( ) 10
   ( ) ( ) ( ) ( ) ( )

② 0 ( ) ( ) ( ) ( ) 30
   ( ) ( ) ( ) ( ) ( )

③ 0 ( ) ( ) ( ) ( ) 50
   ( ) ( ) ( ) ( ) ( )

④ 0 ( ) ( ) ( ) ( ) 10

⑤ 0 ( ) ( ) ( ) ( ) 30

⑥ 0 ( ) ( ) ( ) 100
   ( ) ( ) ( ) ( ) ( )

⑦ 0 ( ) ( ) ( ) ( ) 500
   ( ) ( ) ( ) ( ) ( )

数直線1

⑧
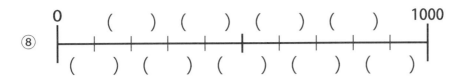

⑨
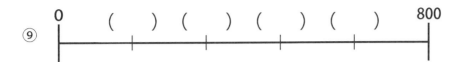

⑩
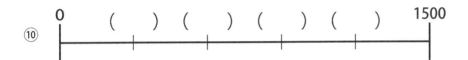

⑪
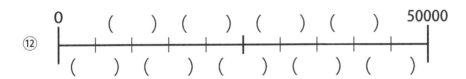

⑫

もんだい１４、下の数直線の目もりすべてに、あてはまる数を書きましょう。

①
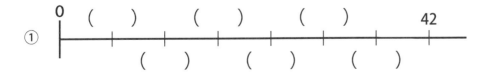

②
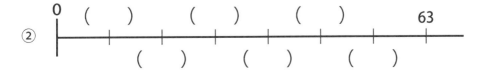

③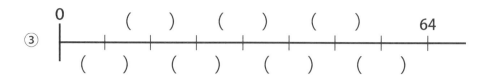

④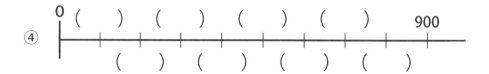

⑤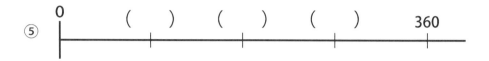

⑥

⑦

⑧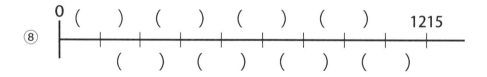

⑨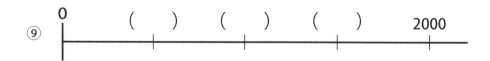

⑩

テスト３

テスト３、下の数直線の目もりすべてに、あてはまる数を
書きましょう。(各完答５点)

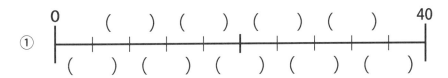

① 0　（　）（　）（　）（　）　40
　（　）（　）（　）（　）（　）

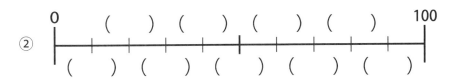

② 0　（　）（　）（　）（　）　100
　（　）（　）（　）（　）（　）

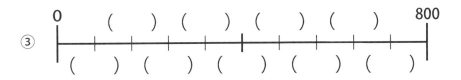

③ 0　（　）（　）（　）（　）　800
　（　）（　）（　）（　）（　）

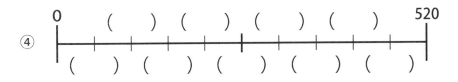

④ 0　（　）（　）（　）（　）　520
　（　）（　）（　）（　）（　）

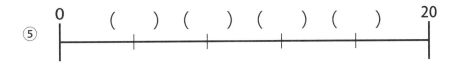

⑤ 0　（　）（　）（　）（　）　20

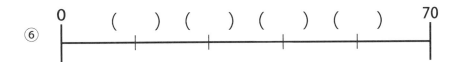

⑥ 0　（　）（　）（　）（　）　70

テスト3

⑦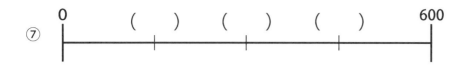

0　（　）　（　）　（　）　600

⑧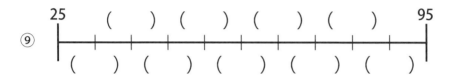

30　（　）（　）（　）（　）70
（　）（　）（　）（　）（　）

⑨ 25　（　）（　）（　）（　）95
（　）（　）（　）（　）（　）

⑩ 40　（　）（　）（　）（　）50

⑪ 70　（　）（　）（　）（　）85

⑫ 0　（　）（　）（　）（　）72
（　）（　）（　）（　）

⑬ 0　（　）（　）（　）252
（　）（　）（　）

テスト 3

⑭
0　　　　（　　）　　　（　　）　　　　3600

⑮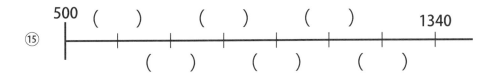
500　（　　）　　　（　　）　　　（　　）　　　1340
　　　　　（　　）　　　（　　）　　　（　　）

⑯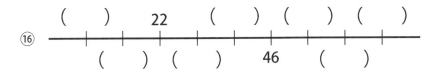
（　　）　　22　　（　　）（　　）（　　）
（　　）（　　）　46　　（　　）

⑰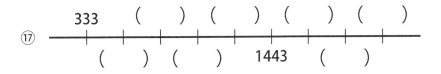
333　（　　）（　　）（　　）（　　）
（　　）（　　）　1443　（　　）

⑱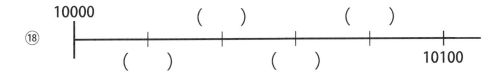
10000　　　　　（　　）　　　（　　）
　　　（　　）　　　（　　）　10100

⑲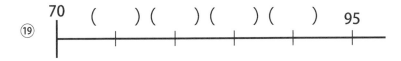
70　（　　）（　　）（　　）（　　）　95

⑳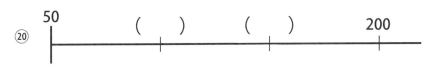
50　　　　（　　）　　（　　）　　200

数直線2　↑を書く

もんだい１５、下の数直線のそれぞれ指示された数のところに、「↑（矢印）」を書きなさい。

例　あ、5　　い、8　　う、3

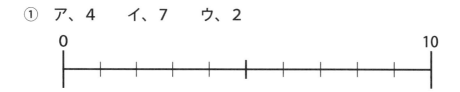

① ア、4　　イ、7　　ウ、2

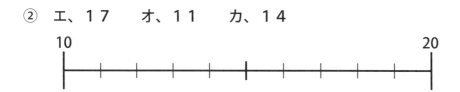

② エ、１７　　オ、１１　　カ、１４

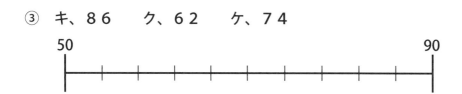

③ キ、８６　　ク、６２　　ケ、７４

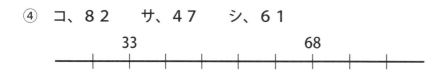

④ コ、８２　　サ、４７　　シ、６１

数直線2　↑を書く

⑤　ス、８４　　セ、１６８　　ソ、１４４

⑥　タ、４５０　　チ、６００　　ツ、１３５０

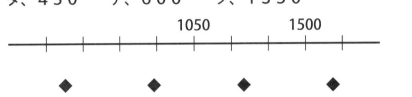

れいだい１３、下の数直線の「１３」のところに「↑（やじるし）」を書きなさい。

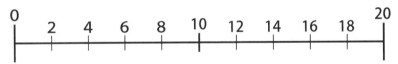

目もりに数を書き入れると下のようになります。

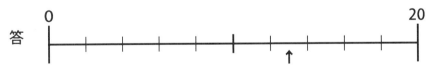

しかし、目もりの中に「１３」はありませんね。

　こういう時は、目分量（およそ）でその位置をさがしましょう。

　「１３」は「１２」と「１４」のちょうどまん中ですね。ですから、「１２」と「１４」の目もりのちょうどまん中に「↑」を書きます。

答

　目分量で書くのですが、できるだけ正確に書きましょう。ただし、あくまでも目分量でさがしてください。じょうぎなどではかって書かないように。

数直線２　↑を書く

れいだい１４、下の数直線の「３」のところに「↑（やじるし）」を書きなさい。

　このように目もりのうっていない数直線には、自分でおよその目もりを書いてから考えましょう。

　まずは、大きく分けてみます。いきなり細かく分けると、正確に書けません。半分に分けるのは、ひかくてき正確にできますので、まずは半分に分けてみましょう。「０」－「４」のはば「４」は２で割れます。

$$4 - 0 = 4 \quad \cdots 0から４までのはば$$
$$4 \div 2 = 2 \quad \cdots ちょうどまん中の数$$

目分量で、ちょうどまん中に目もりをうって、「２」と書いておきます。

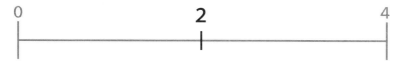

　次に、求める「３」は「２」と「４」のちょうどまん中ですから、「２」と「４」のちょうどまん中に目分量で「３」の目もりを書きます。そしてそこに「↑」を書くと、答となります。

答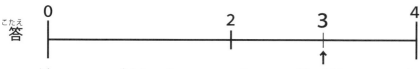

　この時、「３」の数字は書かずに、目もりの線と答の↑だけ書いてもよろしい。

答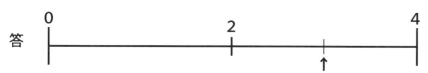

れいだい１５、下の数直線の「７」のところに「↑（やじるし）」を書きなさい。

数直線2　↑を書く

　れいだい１４と同じように、まずは、大きく分けてみましょう。「０−１０」の「１０」は「２」で割れますから、２つに分けて、ちょうどまん中、半分のところに目もりをうちましょう。

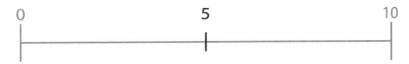

　そこは「５」であることがわかりますね。

　「７」はまん中の「５」より右ですから、「５」から「10」の間に目もりをうちましょう。「５」から「10」は　　１０−５＝５　　なので、５つに等しく分けましょう。５つに等しく分けるのはむつかしいのですが、うまく同じはばに分けられましたか。

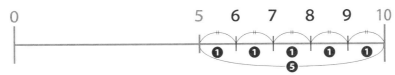

　ここまで目もりが正しく書けると、答はかんたんですね。

答
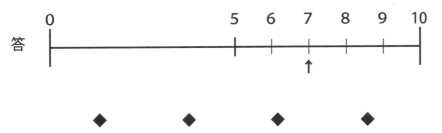

◆　　　　◆　　　　◆　　　　◆　　　　◆

　もんだい１６、下の数直線のそれぞれ指示された数のところに、「↑（やじるし）」を書きなさい。ひつようなら、目もりをうちましょう。うった目もりや考え方はけさずにのこしておきなさい。じょうぎなどを使わないで、目分量で書きましょう。

① ア、１　　イ、４　　ウ、２

数直線2 <ruby>数直線<rt>すうちょくせん</rt></ruby>2 ↑を<ruby>書<rt>か</rt></ruby>く

② エ、6　　オ、8　　カ、3

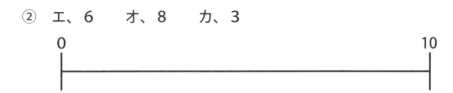

0　　　　　　　　　　　　　　　　　　　　10

③ キ、5　　ク、10

0　　　　　　　　　　　　　　　　15

④ ケ、50　　コ、25　　サ、80

0　　　　　　　　　　　　　　　　100

⑤ シ、750　　ス、100　　セ、350

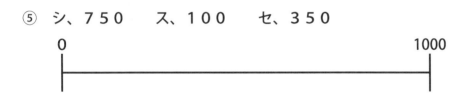

0　　　　　　　　　　　　　　　　1000

⑥ ソ、15　　タ、12　　チ、19

10　　　　　　　　　　　　　　　　20

⑦ ツ、80　　テ、75　　ト、60

50　　　　　　　　　　　　　　　　100

テスト4

テスト4、下の数直線のそれぞれ指示された数のところに、
「↑（やじるし）」を書きなさい。ひつようなら、目もり
をうちましょう。うった目もりや考え方はけさずにのこ
しておきなさい。じょうぎなどを使わないで、目分量で書きましょう。
　（1つ5点×20）

点

① ア、3　　イ、1

② ウ、7　　エ、2

③ オ、10　　カ、2

④ キ、75　　ク、30

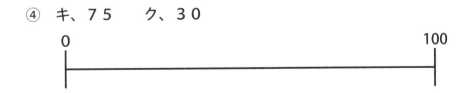

テスト4

⑤ ケ、700　　コ、250
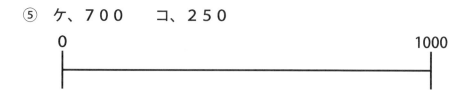
0　　　　　　　　　　　　　　　　　　1000

⑥ サ、250　　シ、400
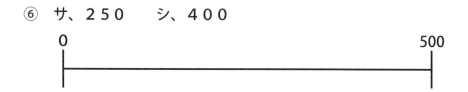
0　　　　　　　　　　　　　　　　　　500

⑦ ス、22　　セ、29
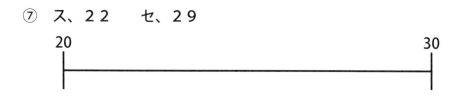
20　　　　　　　　　　　　　　　　　　30

⑧ ソ、90　　タ、70
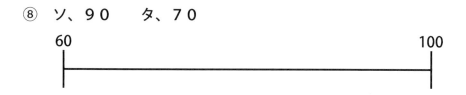
60　　　　　　　　　　　　　　　　　　100

⑨ チ、110　　ツ、155
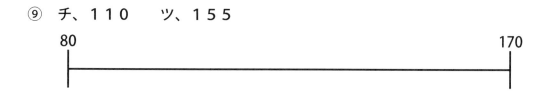
80　　　　　　　　　　　　　　　　　　170

⑩ テ、75　　ト、100

50　　　　　　　　　　　　　　　　　　110

解 答 解き方は一例です

（P 4 もんだい 1 ～ P17 もんだい１１　略）

P20
もんだい１２

①  ②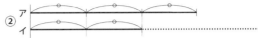

③  ④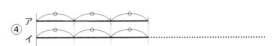

P21

⑤ 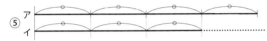 ⑥

⑦  ⑧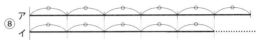

P22
テスト２ （①～④　略）

⑤ 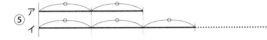 ⑥

⑦  ⑧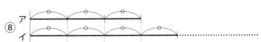

⑨  ⑩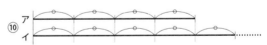

⑪  ⑫

P30
もんだい１３

①  ②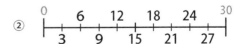

③  ④

解答

⑤
```
0    6    12   18   24      30
|----+----+----+----+----+----|
```

⑥
```
0      20   40   60   80    100
|--+--+--+--+--+--+--+--+--+--|
   10   30   50   70   90
```

P31

⑦
```
0    100  200  300  400     500
|--+--+--+--+--+--+--+--+--+--|
   50   150  250  350  450
```

⑧
```
0     200  400  600  800    1000
|--+--+--+--+--+--+--+--+--+--|
   100  300  500  700  900
```

⑨
```
0    160  320  480  640      800
|----+----+----+----+----+----|
```

⑩
```
0     300  600  900  1200    1500
|----+----+----+----+----+----|
```

⑪
```
0    2000 4000 6000 8000   10000
|--+--+--+--+--+--+--+--+--+--|
  1000 3000 5000 7000 9000
```

⑫
```
0   10000 20000 30000 40000  50000
|--+--+--+--+--+--+--+--+--+--|
  5000 15000 25000 35000 45000
```

P31

もんだい１４

①
```
0    6    18   30        42
|--+--+--+--+--+--+--|
   12   24   36
```

②
```
0    9    27   45        63
|--+--+--+--+--+--+--|
   18   36   54
```

P32

③
```
0    16   32   48        64
|--+--+--+--+--+--+--|
   8    24   40   56
```

④
```
0  100  300  500  700     900
|--+--+--+--+--+--+--+--|
  200  400  600  800
```

⑤
```
0    90   180  270       360
|--+--+--+--+--|
```

⑥
```
0   23   69   115       161
|--+--+--+--+--+--+--|
   46   92   138
```

⑦
```
0   394  788  1182      1576
|--+--+--+--+--+--+--+--|
  197  591  985  1379
```

⑧
```
0  135  405  675  945    1215
|--+--+--+--+--+--+--+--|
  270  540  810  1080
```

⑨
```
0    500  1000 1500      2000
|--+--+--+--+--|
```

⑩
```
0      1607      3214      4821
|--+--+--+--|
```

P33

テスト３

①
```
0    8    16   24   32      40
|--+--+--+--+--+--+--+--+--+--|
   4    12   20   28   36
```

②
```
0     20   40   60   80    100
|--+--+--+--+--+--+--+--+--+--|
   10   30   50   70   90
```

③
```
0    160  320  480  640     800
|--+--+--+--+--+--+--+--+--+--|
   80   240  400  560  720
```

④
```
0    104  208  312  416     520
|--+--+--+--+--+--+--+--+--+--|
   52   156  260  364  468
```

解答

⑤  0 4 8 12 16 20

⑥ 0 14 28 42 56 70

P34

⑦ 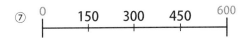 0 150 300 450 600

⑧ 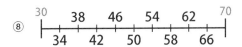 30 38 46 54 62 70 / 34 42 50 58 66

⑨ 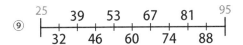 25 39 53 67 81 95 / 32 46 60 74 88

⑩ 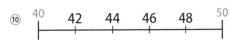 40 42 44 46 48 50

⑪ 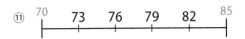 70 73 76 79 82 85

⑫ 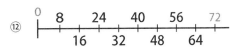 0 8 24 40 56 72 / 16 32 48 64

P35

⑬ 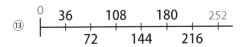 0 36 108 180 252 / 72 144 216

⑭ 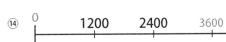 0 1200 2400 3600

⑮ 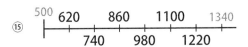 500 620 860 1100 1340 / 740 980 1220

⑯ 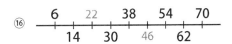 6 22 38 54 70 / 14 30 46 62

⑰ 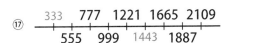 333 777 1221 1665 2109 / 555 999 1443 1887

⑱ 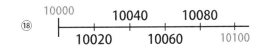 10000 10040 10080 / 10020 10060 10100

⑲  70 75 80 85 90 95

⑳ 50 100 150 200

P36
もんだい１５

① 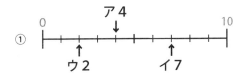 0 ア4 10 / ウ2 イ7

② 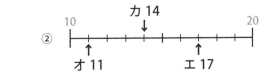 10 カ14 20 / オ11 エ17

③ 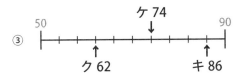 50 ケ74 90 / ク62 キ86

④ 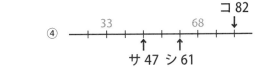 33 68 コ82 / サ47 シ61

解答

P37

⑤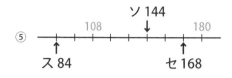

⑥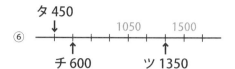

P39

もんだい１６

※採点：採点のめやすに、1mm の目もりがつけてあります。およそあっていれば○にしてください。印刷時の誤差（紙の伸縮）もありますので、その点を考慮して、柔軟におねがいします。

①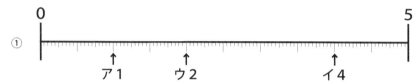

P40

②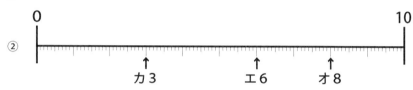

③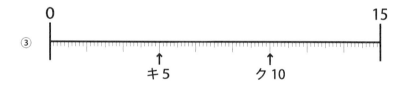

④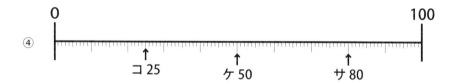

⑤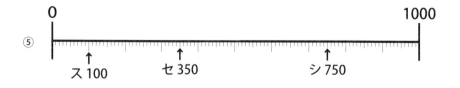

⑥

解答

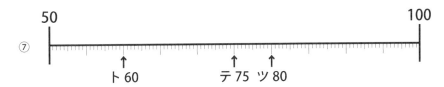

⑦ 50 ・・・ 100
ト 60　テ 75　ツ 80

P41
テスト 4

① 0 ・・・ 5
イ 1　ア 3

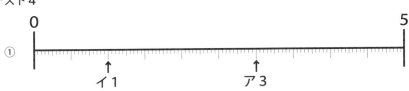

② 0 ・・・ 10
エ 2　ウ 7

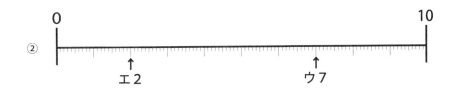

③ 0 ・・・ 15
カ 2　オ 10

④ 0 ・・・ 100
ク 30　キ 75

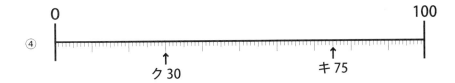

⑤ 0 ・・・ 1000
コ 250　ケ 700

⑥ 0 ・・・ 500
サ 250　シ 400

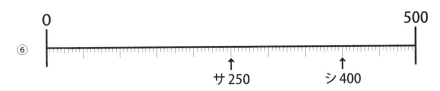

解答

⑦

20　　　　　　　　　　　　　　　　　　　　　　30
ス 22　　　　　　　　　　　　　　　　セ 29

⑧

60　　　　　　　　　　　　　　　　　　　　　　100
タ 70　　　　　　　　　　　　　　　　ソ 90

⑨

80　　　　　　　　　　　　　　　　　　　　　　170
チ 110　　　　　　　　　　　　　　　　ツ 155

⑩

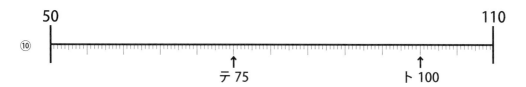

50　　　　　　　　　　　　　　　　　　　　　　110
テ 75　　　　　　　　　　　　　　　　ト 100

M.acceess 学びの理念

☆学びたいという気持ちが大切です
　勉強を強制されていると感じているのではなく、心から学びたいと思っていることが、
　子どもを伸ばします。

☆意味を理解し納得する事が学びです
　たとえば、公式を丸暗記して当てはめて解くのは正しい姿勢ではありません。意味を理
　解し納得するまで考えることが本当の学習です。

☆学びには生きた経験が必要です
　家の手伝い、スポーツ、友人関係、近所付き合いや学校生活もしっかりできて、「学び」の
　姿勢は育ちます。
　生きた経験を伴いながら、学びたいという心を持ち、意味を理解、納得する学習をすれ
　ば、負担を感じるほどの多くの問題をこなさずとも、子どもたちはそれぞれの目標を達成
　することができます。

発刊のことば

　「生きてゆく」ということは、道のない道を歩いて行くようなものです。「答」のない問題を解
くようなものです。今まで人はみんなそれぞれ道のない道を歩き、「答」のない問題を解いてきま
した。

　子どもたちの未来にも、定まった「答」はありません。もちろん「解き方」や「公式」もありません。

　私たちの後を継いで世界の明日を支えてゆく彼らにもっとも必要な、そして今、社会でもっと
も求められている力は、この「解き方」も「公式」も「答」すらもない問題を解いてゆく力ではな
いでしょうか。

　人間のはるかに及ばない、素晴らしい速さで計算を行うコンピューターでさえ、「解き方」のな
い問題を解く力はありません。特にこれからの人間に求められているのは、「解き方」も「公式」
も「答」もない問題を解いてゆく力であると、私たちは確信しています。

　M.access の教材が、これからの社会を支え、新しい世界を創造してゆく子どもたちの成長
に、少しでも役立つことを願ってやみません。

思考力算数練習帳シリーズ
シリーズ５５　等しく分ける -線分図と数直線- 　数の大小関係・倍の関係・均等に分ける　整数範囲

初版　第１刷
編集者　M.access（エム・アクセス）
発行所　株式会社　認知工学
〒６０４−８１５５　京都市中京区錦小路烏丸西入ル占出山町 308
電話　（０７５）２５６−７７２３　　email：ninchi@sch.jp
郵便振替　０１０８０−９−１９３６２　株式会社認知工学

ISBN978-4-86712-155-9　C-6341　　　A550124C　M

定価＝ 本体６００円 ＋税